SPACE STATION ACADEMY

太空学院

勇闯土星

[英] 萨利·斯普林特 著
[英] 马克·罗孚 绘　罗乔音 译

中信出版集团 | 北京

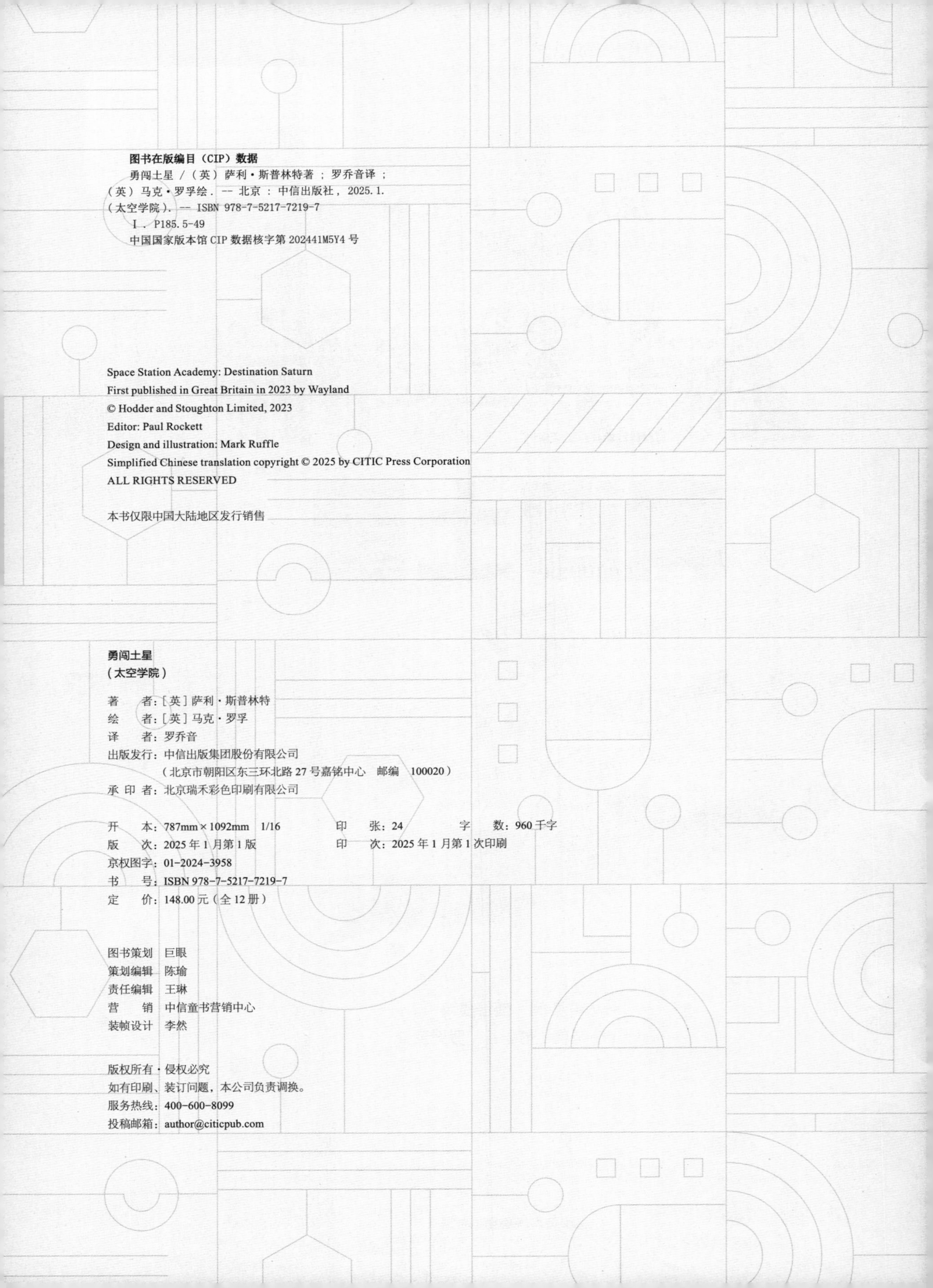

图书在版编目（CIP）数据

勇闯土星 / （英）萨利·斯普林特著 ； 罗乔音译 ；
（英）马克·罗孚绘． -- 北京 ： 中信出版社， 2025.1.
（太空学院）． -- ISBN 978-7-5217-7219-7

Ⅰ． P185.5-49

中国国家版本馆 CIP 数据核字第 202441M5Y4 号

Space Station Academy: Destination Saturn
First published in Great Britain in 2023 by Wayland

Editor: Paul Rockett
Design and illustration: Mark Ruffle

勇闯土星
（太空学院）

著　　者：［英］萨利·斯普林特
绘　　者：［英］马克·罗孚
译　　者：罗乔音
出版发行：中信出版集团股份有限公司
　　　　　（北京市朝阳区东三环北路 27 号嘉铭中心　邮编　100020）
承 印 者：北京瑞禾彩色印刷有限公司

开　　本：787mm × 1092mm　1/16　　印　　张：24　　字　　数：960 千字
版　　次：2025 年 1 月第 1 版　　印　　次：2025 年 1 月第 1 次印刷
京权图字：01-2024-3958
书　　号：ISBN 978-7-5217-7219-7
定　　价：148.00 元（全 12 册）

图书策划　巨眼
策划编辑　陈瑜
责任编辑　王琳
营　　销　中信童书营销中心
装帧设计　李然

目录

本书人物

目的地：土星

欢迎大家来到神奇的星际学校——太空学院！在这里，我们将带大家一起遨游太空。快登上空间站飞船，和我一起学习太阳系的知识吧！

今天，同学们即将参观土星。现在，他们正在美术教室里尽情创作呢！

土星这颗星球，特别适合出现在美术课上，因为它拥有太阳系最美丽的星环！

同学们，你们都创作了什么作品？

我在画静物画。然而，土星并不是静止的，它的每个星环都以不同的速度绕着它运行。

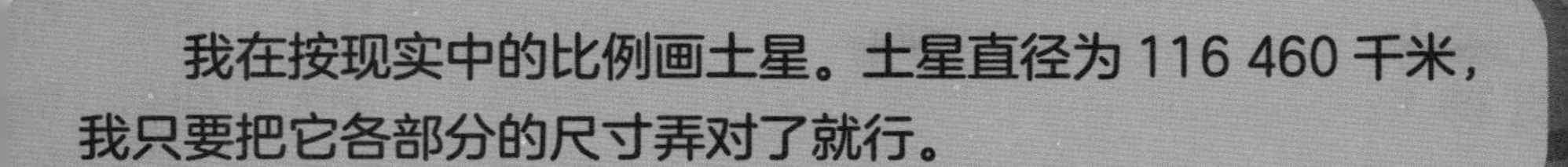

我也在画土星。我正试着把各种颜色混在一起，调出合适的颜色，不过窗帘挡住了光，这里有点儿暗！

我想用黏土做一颗土星。做球体太难了，我试了好几次了，还是不行！

我打算用纸和胶水做个纸糊的土星模型。这个模型要大一点儿，才能装上旋转的星环。莫莫，你能帮我一起做吗？

哦，当然可以，我想到怎么做星环了！

我的画基本上画好了。你们准备好等会儿参加作品展览了吗？现在，我们一边完成作品，一边学一些关于土星的知识吧！

土星是离太阳第六远的行星，也是太阳系中仅次于木星的第二大行星。

土星很大，里面可以装下 700 多个地球！

土星和木星、天王星、海王星一样，也是气态巨行星，主要由气体组成。

等我们到了土星，我们可以做更多关于土星的艺术作品。

好了，现在，你们该进入太空飞机去参观土星了。麦克，你不在的时候我会帮你做土星环的。
我画完了！
谢谢莫莫！我还没想好用什么材料做星环。
我正准备把星环粘上呢。

土星绕太阳公转一周需要 29.46 年，所以土星上的一年非常长！

那土星上的一天有多长？

土星上的一天很短，土星自转一圈只需 10 小时 14 分，这也就是它一天的时间。

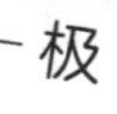

土星旋转得很快，导致土星中间的部分更为凸出。所以，土星的极直径比赤道直径更短。

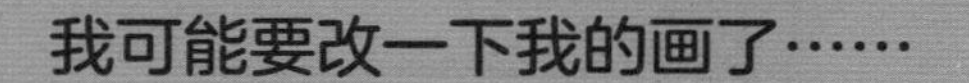

波特博士，土星为什么是这种颜色？我感觉我画上的颜色好像不太对。

土星周围有七个星环。它们的名字并不花哨，各自只用一个字母命名。

看看我的画。从地球上是可以看到星环的。A 环是最清晰的。

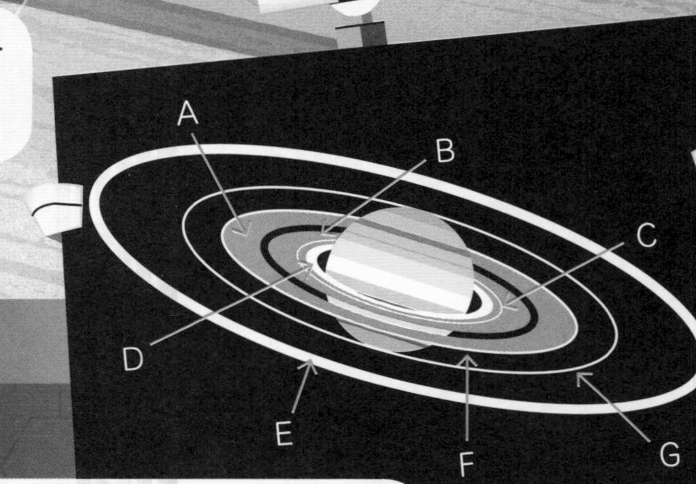

整个星环系统在太空中横跨了将近 2 600 万千米！

波特博士，这些星环是怎么形成的？

曾经，可能有一颗土星的冰卫星被土星的引力吸引，分解成了许多小碎片。然后，这些碎片就围绕着土星旋转了。

我喜欢用手指把星环抹开！
我把太空飞机调到了自动驾驶模式。这样我们就可以出去，在星环中“冲浪”了！

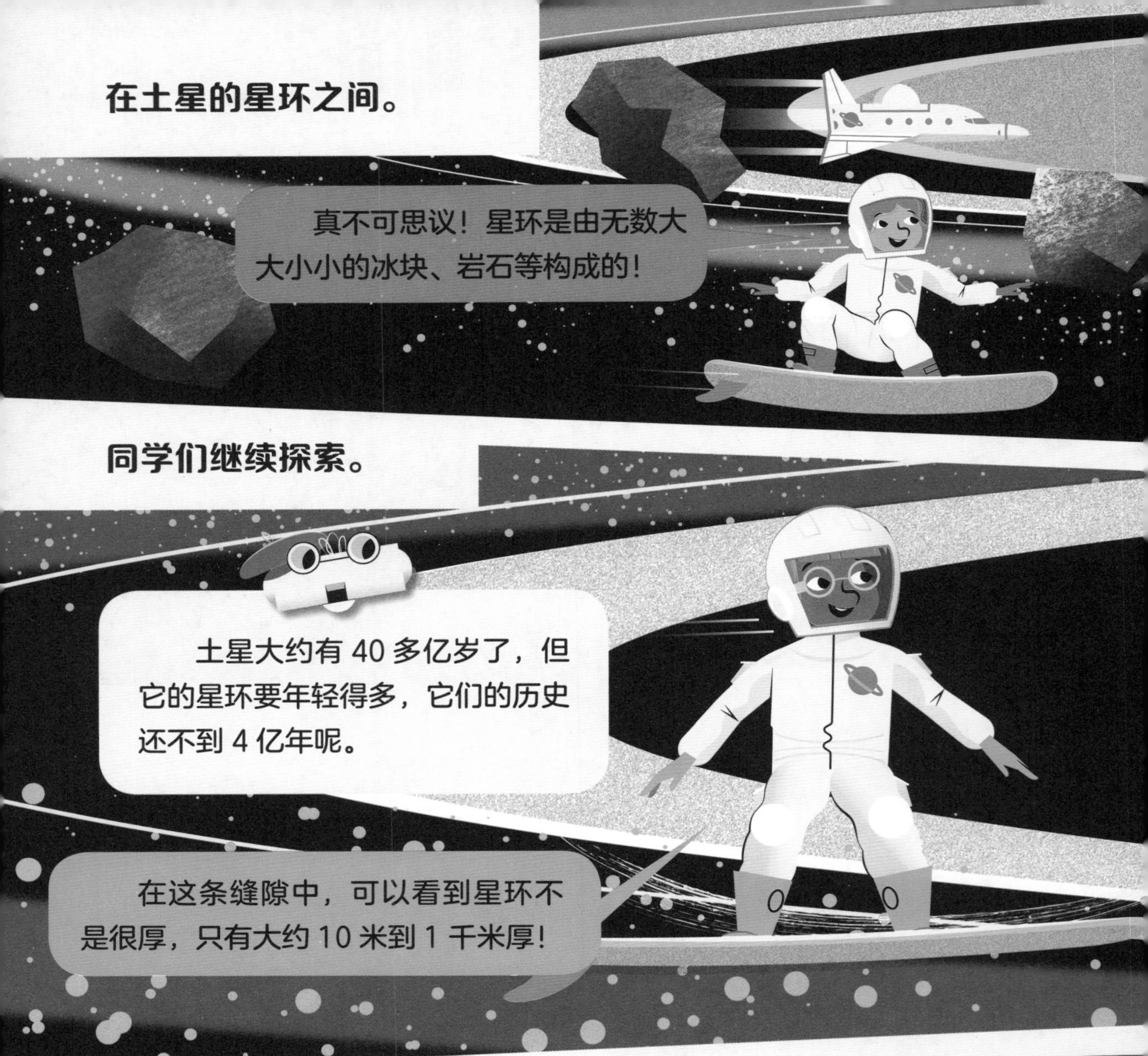

在星环上冲浪。

在星环边缘的那个，是块小石头还是个卫星？

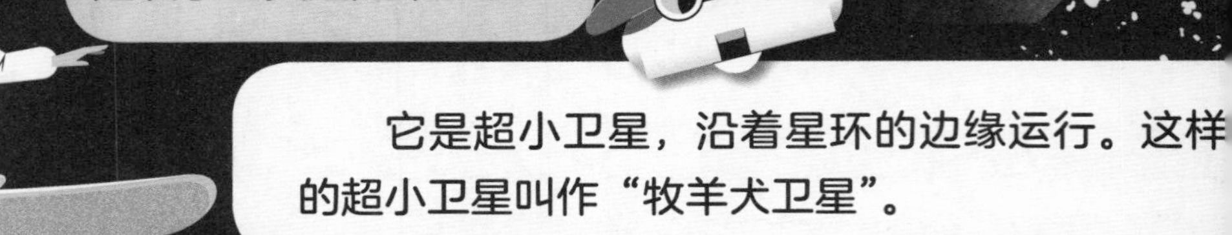

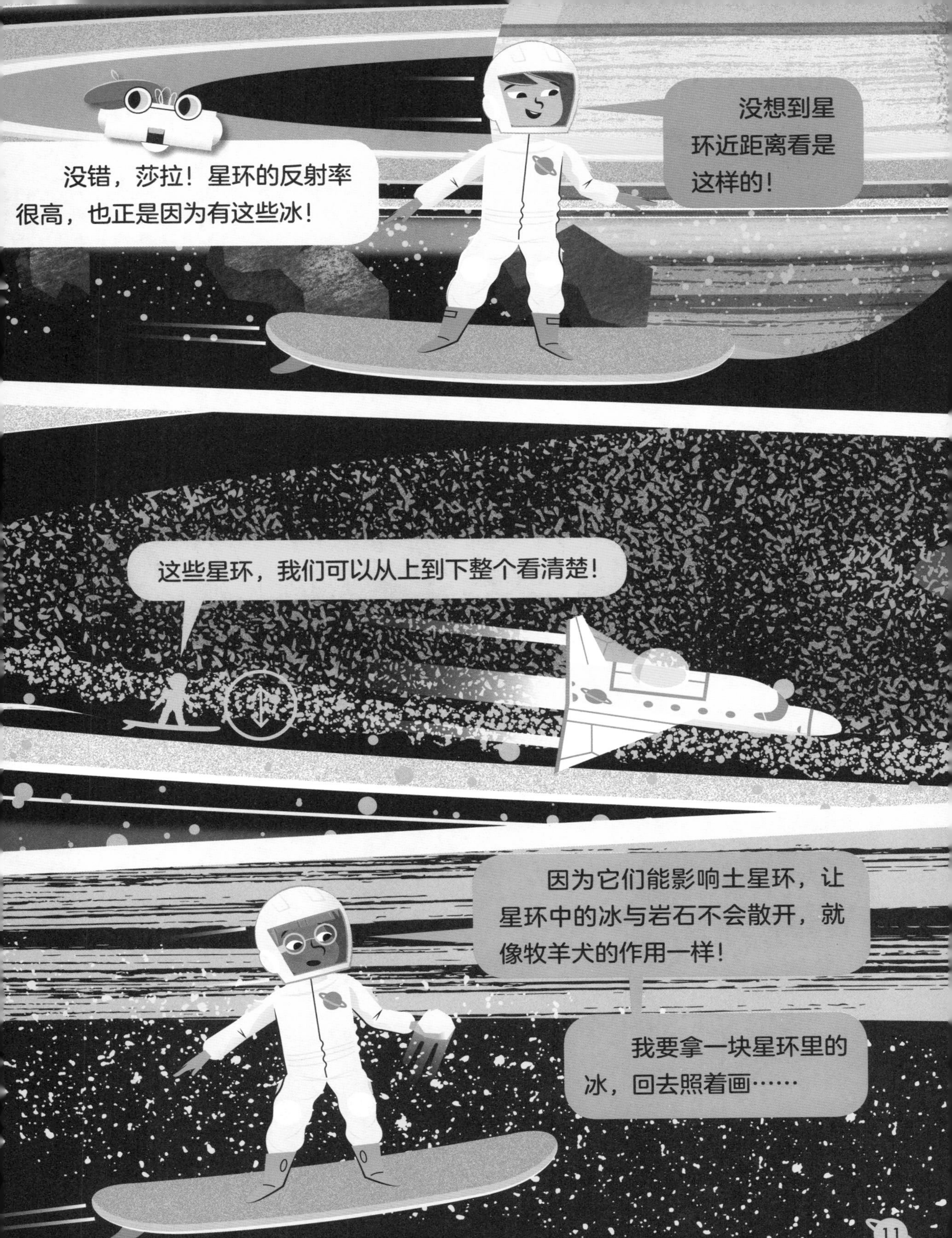
没想到星环近距离看是这样的！
没错，莎拉！星环的反射率很高，也正是因为有这些冰！
这些星环，我们可以从上到下整个看清楚！
因为它们能影响土星环，让星环中的冰与岩石不会散开，就像牧羊犬的作用一样！
我要拿一块星环里的冰，回去照着画……

大家回到停在土星极地上空的太空飞机。

哇！那是什么？

那是土星北极上空大气层中巨大的六边形风暴。

这个风暴的跨度大约有 3 万千米，比两个地球直径加起来还要大！它的风速为每小时 322 千米。

地球上的大风暴都是圆形的，这样看来，土星上的六边形风暴可是非常独特呢！

你们还能想到我们在自然界中看到的其他六边形物体吗？我们现在进入大气层，大家想一想吧。

蜂窝！

昆虫的眼睛！

我会用圆规画六边形！

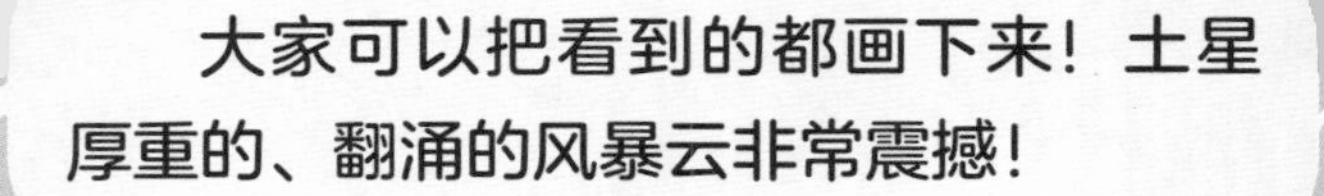

在土星中上升能量的驱动下，土星风暴可以变得很大，会持续好几个月。

高层大气的风速可达每秒 500 千米。

波特博士，风暴太乱了！

我们画不出来！

乐迪，你带回来的冰化了，水流到地板上了。

太黑啦，我们什么都看不见，更别提画画了！
当我们逐渐深入大气层，风就会减弱，但巨大的云朵挡住了光。
阳光无法透过云层照亮我们的路，不过……
噼里啪啦！！！
这儿有巨大的闪电照亮天空，并产生煤烟颗粒！
如果我们快点儿，还可以画出旋转的乌云！
再往下走还安全吗，波特博士？
我们能降落在土星上吗？

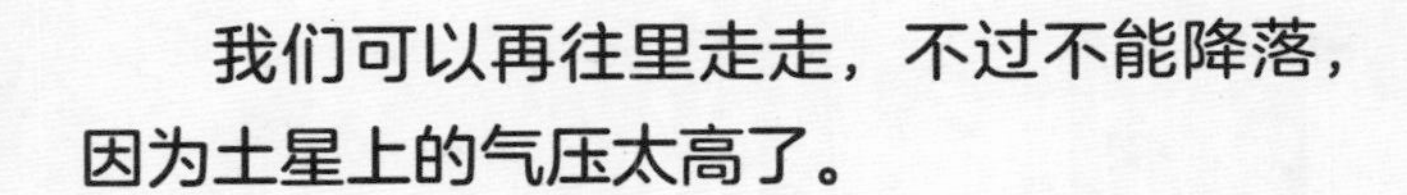

土星曾经是一颗岩质行星，但它吸引了大量气体，慢慢变成了气态巨行星。

土星的外层大气主要由氢气、氦气构成

层层的氢和氦在高压下变成了液体

金属氢层

土星核心由压缩的岩石、铁和冰组成

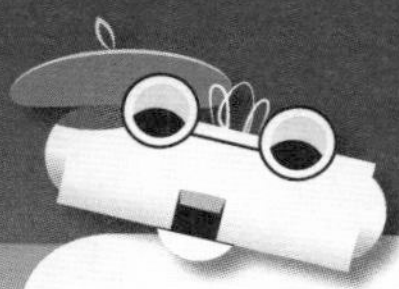
土星主要由气体构成，因此它是太阳系中密度最小的行星。
土星的平均密度比水还低，如果把土星放在水面上，它能浮起来！

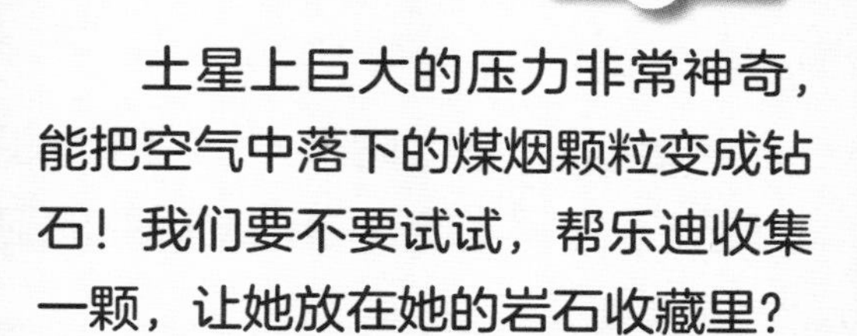
土星上巨大的压力非常神奇，能把空气中落下的煤烟颗粒变成钻石！我们要不要试试，帮乐迪收集一颗，让她放在她的岩石收藏里？

哇，波特博士……土星钻石！

虽然不能降落在土星上，但我们可以去探索土星的卫星。

莎拉为大家的太空之旅画了一幅卫星地图。

目前，在太阳系中，土星的卫星最多。不过，这种情况可能会改变，因为科学家一直在发现新的卫星！土星的卫星中有 53 颗已命名。

这些卫星上散落的尘埃又进一步增加了土星环中物质的数量。

卫星也会从星环中“收集”逸散的尘埃和冰。

土卫三十二

土卫三十三

土卫一

土卫十七

土卫十六

土卫十五

土卫一由水冰和岩石构成，上面有很多陨石坑。

土卫十八

土卫三

土卫十三

土卫十四

土卫二

土卫十八形状非常奇特，就像两顶帽子粘在一起，也像饺子或核桃。

土卫六是土星最大的卫星，直径150 千米。和地球一样，土卫六表也有液体和天气系统，但这种液体不是水，而是甲烷和乙烷！

土卫十和土卫十一是“姐妹卫星”。它们的轨道形状奇特，二者每四年交换一次轨道。所以，其中一颗卫星会在靠近土星的地方运行，然后远离土星，换另一颗靠近。

土卫八的一面明亮而反光，而另一面比较黑暗。

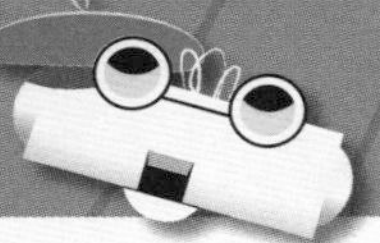

这幅图画得真好！我们去参观几颗卫星吧，看能不能再找到些艺术创作的灵感。

这是土卫三十二，是一颗非常光滑的卫星，就像飘浮在太空中的鹅卵石。我们可以用什么方法画土卫三十二？

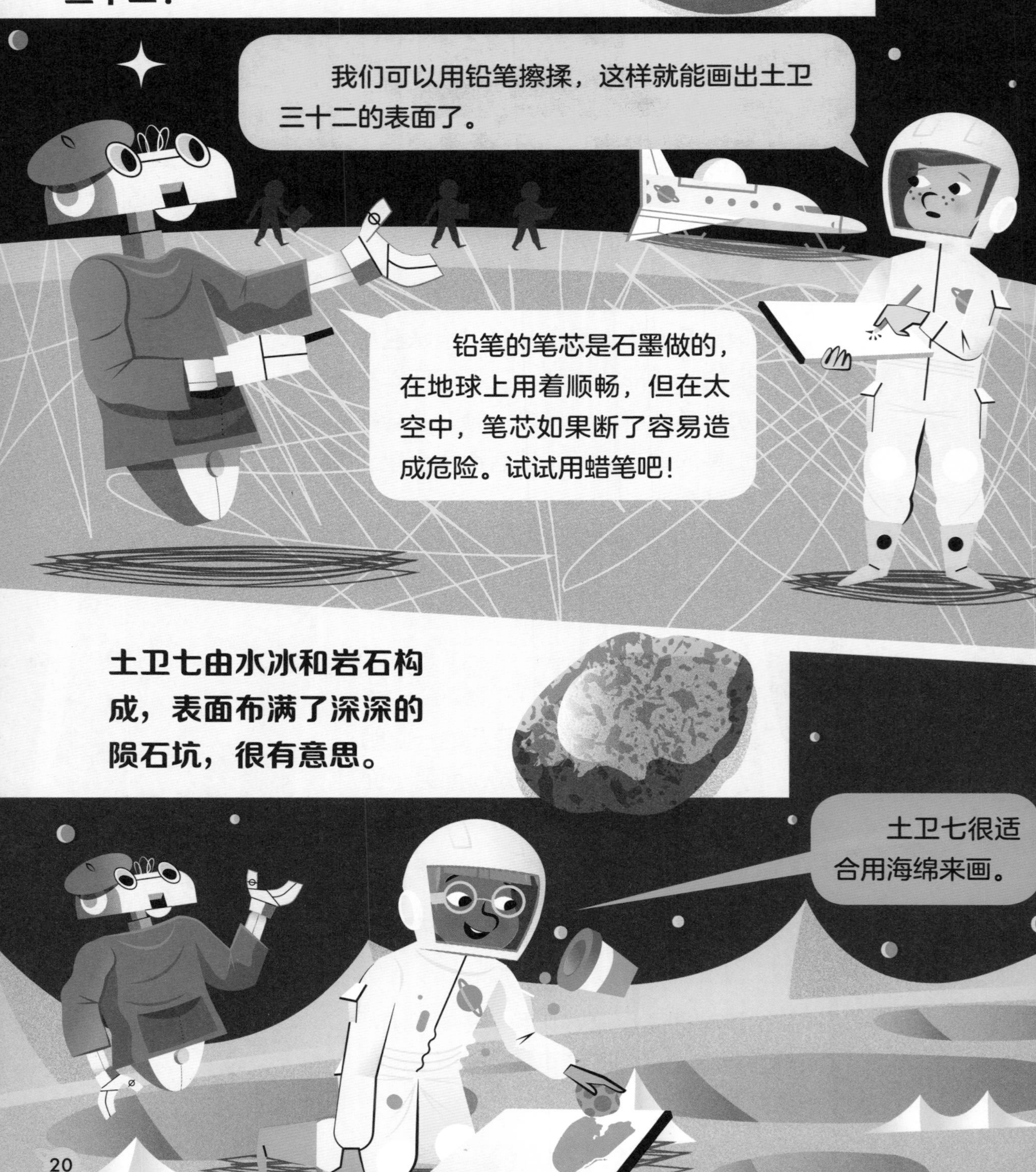

土卫九上遍布岩石，是制作石头雕像的完美场所！这颗卫星的自转方向与其他土星卫星相反。
我爱石头！
不过坐下来就不太舒服了！
哎呀呀！
画完了！

这里是美丽的土卫二，它的表面结满了冰。这样的场景很适合作画，你们觉得呢？
可是，我们没有涮笔用的水了！
别担心，土卫二能帮上忙……

土卫二是颗非常迷人的卫星，因为它冰冻的外壳下藏着一片海洋。海洋里甚至可能有简单的生命形式存在呢。也许，哪天我们应该来这里潜水看看？

不久后，在太空学院的画廊中。
这个展览太棒了！乐迪，你的画真好看。
谢谢莎拉。你做的模型简直举世无双！
我按照真实的比例精确地画出了土星！麦克，你在干什么？
看，麦克，我找了些布，可以用来制作旋转星环。
波特博士，你能钻进我的模型里试试吗？

好啊，没问题。能把这些难看的窗帘利用起来，我也很高兴！

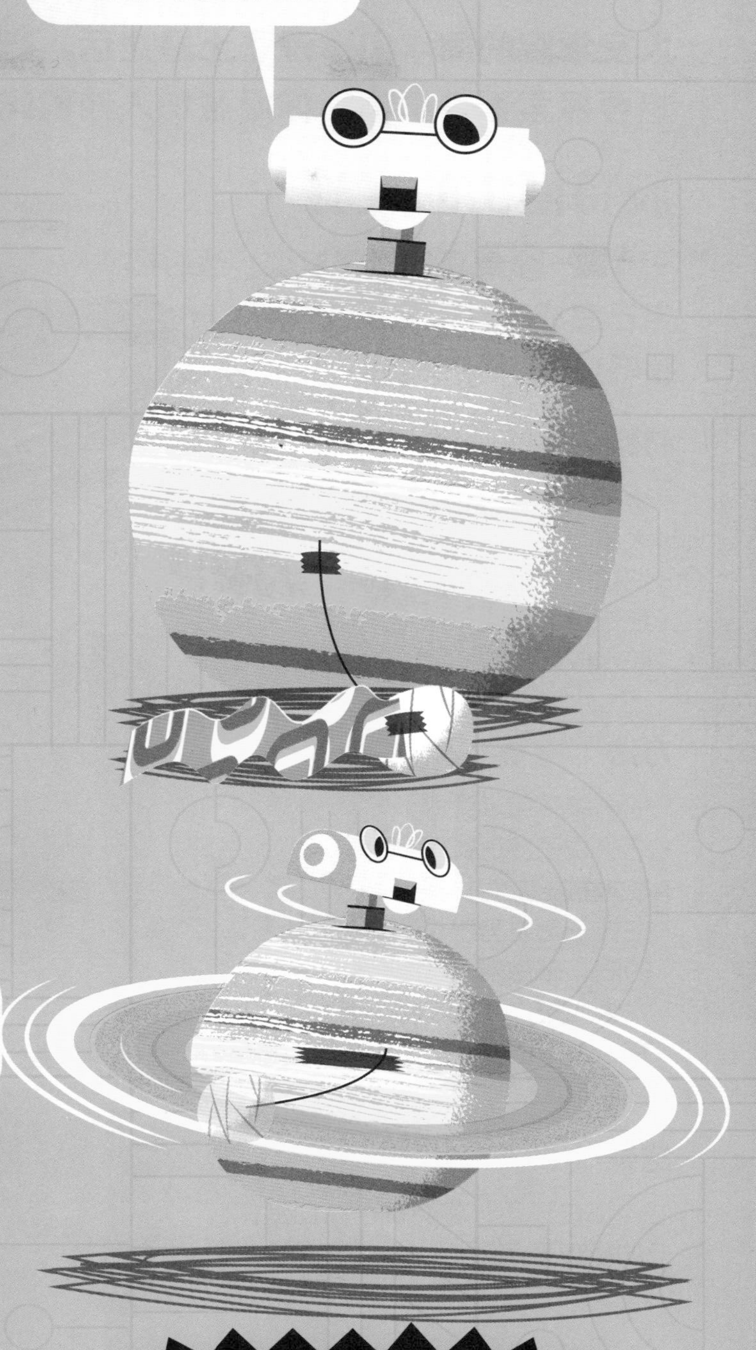
我现在该做什么？
转圈，波特博士，转圈！

太空学院的课外活动

太空学院的同学们参观了土星之后，产生了很多新奇的想法，想要探索更多事物。你愿意加入他们吗？

波特博士的实验

做一个麦克的旋转模型，然后把自己变成一颗带星环的行星吧！

材料

- 小袋子
- 大米
- 旧袜子，最好是长袜
- 丝带、毛线或布条
- 胶水或针线

方法

- 把小袋子装满大米。
- 把小袋子放进袜子底部。
- 在米袋上方将袜子打结。
- 在袜子上方剪一个手掌大小的洞，来做把手。
- 找大人帮你，把布条粘或缝在米袋下面。

结果

抓住把手，旋转袜子，创造你自己的星环系统吧！

更多可能

试着改变整个旋转模型的长度、布条的长度，或者大米的分量。需要在 10 秒内旋转多少圈，才能形成“星环”？你可以一边旋转，一边数数吗？

波特博士小提示：旋转的时候，不要太靠近别人或者小动物。

乐迪了解的土星小知识

土星的星环由许多颗粒构成，最终，这些颗粒都会被吸进土星的大气层，星环也会随之消失。不过，完成这一过程需要 3 亿年。

麦克了解的土星小知识

如果把土星的星环拉直，然后把太阳系的所有行星连在一起，包括谷神星和冥王星这两颗矮行星，你会发现，星环的长度还有剩余！

星的土星数学题

我来做个示范，让你看看怎样用圆规、尺子和铅笔画六边形。

用圆规画一个圆。

把圆规的支点放在这个圆的任意一点上。

然后用圆规上的笔在圆上画一个小标记。

把圆规的支点放在刚做的标记上，支点与铅笔之间的距离不变，在圆上再画一个标记。

支点与铅笔之间的距离不变，在圆上再画五个标记。把六个标记用尺子连接，六边形就画好了。

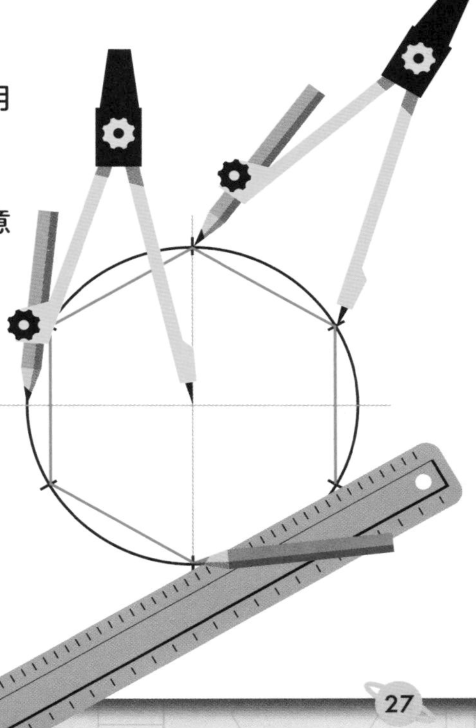

莎拉的土星图片展览

这张图中，可以看到土星最顶端的六边形风暴。

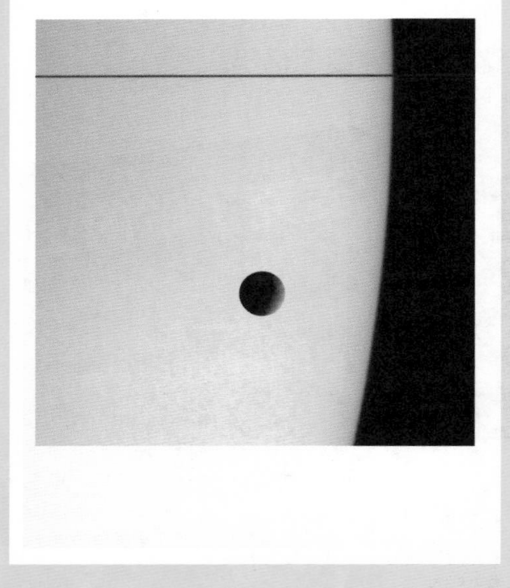

这是环绕土星运行的土卫三。你能看到土星环有多薄吗？

莫莫的调研项目

土星各个星环的运行速度不同。哪些星环的旋转速度比土星自转的速度快，哪些更慢？你能找出太阳系中还有哪些行星有星环吗？

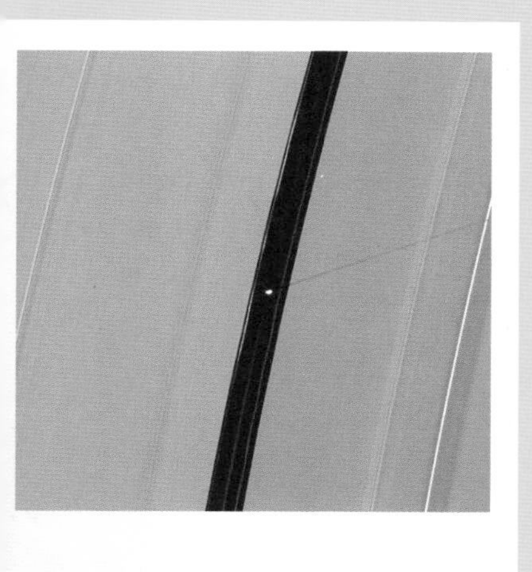

土卫十八正在 A 环内的恩克环缝中移动，你能看到它投下的影子吗？

在这张照片中，土星的光环非常明亮。你能看到图中的四颗小卫星吗？

这是我们参观的最后一站——土卫二。我们可以看到，土卫二底部冰冷的水柱正喷向太空。

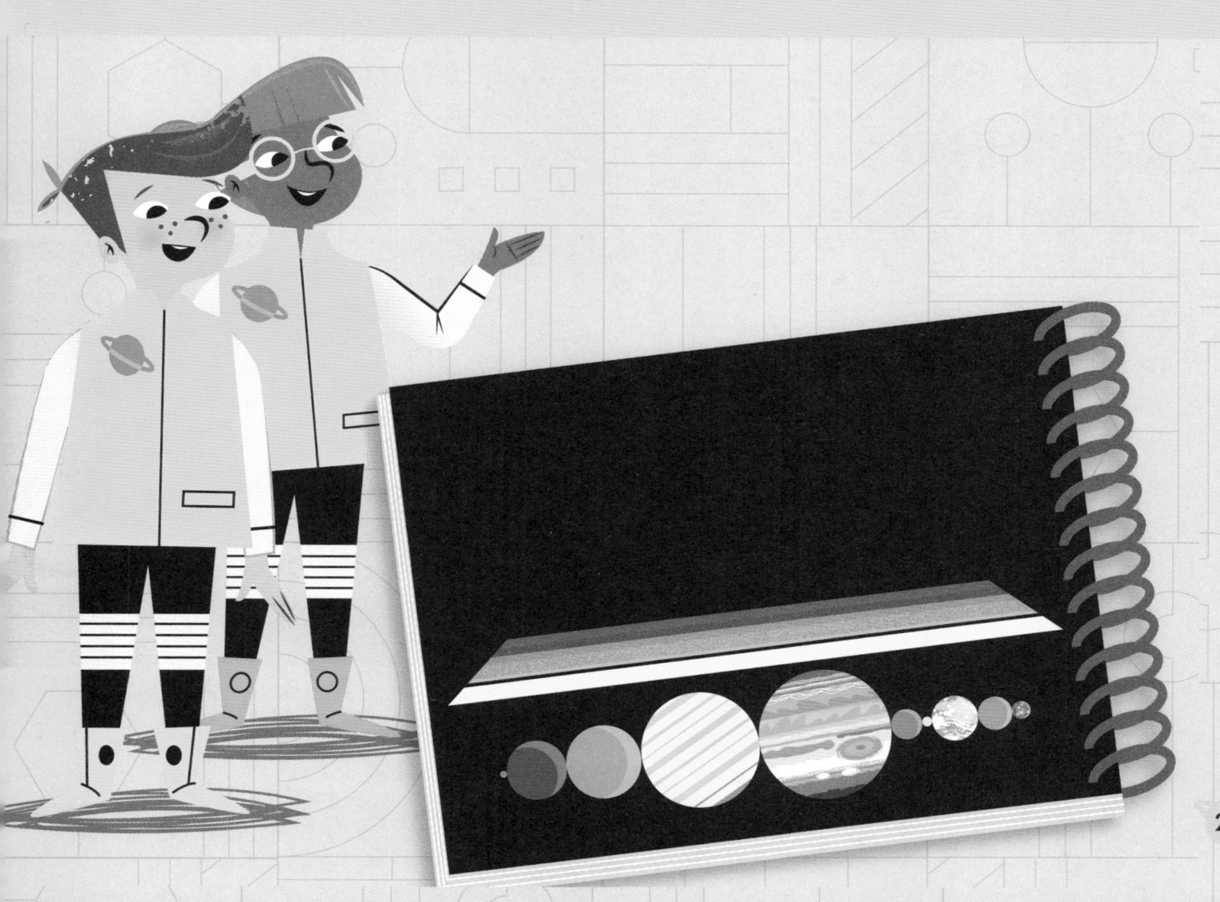

词语表

大气层：环绕行星或卫星的一层气体。

轨道：本书中指天体运行的轨道，即绕恒星或行星旋转的轨迹。

核心：某物的中心，比如行星的中心。

太阳系：由太阳以及一系列绕太阳转的天体构成。

卫星：围绕行星运转的天然天体。

压力：一个物体挤压另一个物体的力。

陨石坑：天体（比如月球）表面由小天体撞击而产生的巨大的、碗状的坑。

直径：通过圆心或球心且两端都在圆周或球面上的线段。